Karl-Heinz Keller

Das Übungsheft 5

Name: ____________________

Klasse: ____________________

Bestell-Nr. 5502-54 · ISBN 3-619-55254-1

Internetadresse: www.mildenberger-verlag.de
E-Mail: info@mildenberger-verlag.de

Auflage Druck 5 4 3 2
Jahr 2007 2006 2005 2004

Druck: Fortuna-Druck GmbH, 76532 Baden-Baden
Gedruckt auf umweltfreundlichen Papieren

Mildenberger Verlag

Trainingsregeln

Die Beherrschung der Grundrechenarten ist Voraussetzung für einen erfolgreichen Mathematikunterricht. Dieses Ziel lässt sich am besten erreichen, wenn nach den oben genannten Regeln trainiert wird.

Nur durch konsequentes **tägliches Training**, bei dem wichtige Verfahren immer wieder aufgegriffen werden, ist eine wesentliche Verbesserung der Rechenleistungen zu erreichen.

In jeder Unterrichtsstunde sollte **5 bis 10 Minuten** trainiert werden. Mindestens die Hälfte der für das Kopfrechnen vorgesehenen Zeit soll für das **gemeinsame Üben** verwendet werden.

Gehören verschiedene Aufgabentypen zum täglichen Pensum, sollten von jedem Typ einige nach den **Trainingsregeln** bearbeitet werden.

Das gemeinsame Training ist deshalb so wichtig, weil nur dadurch gewährleistet ist, dass die Schülerinnen und Schüler sich die **richtigen** Rechenwege, Sprech- und Schreibweisen einprägen.

Beim täglichen Kopfrechnen müssen auch die **Kontrollmöglichkeiten** (Tauschaufgaben, Umkehraufgaben, Überschlag …) mit geübt werden. Alle kontrollierten Aufgaben sollen mit einem roten Haken (✓) markiert werden. Eine zusätzliche Kontrollmöglichkeit bieten die **Lösungskarten** (Bestell-Nr. 5502-55).

(1)

·	2	5	10
5			
10			
2			
4			
8			
3			
6			
9			
7			
0			
1			
11			

(2)

:	10
90	
70	
50	
20	
40	
30	
80	
10	
0	
60	
100	
120	

(3)

:	5
10	
50	
25	
40	
20	
15	
5	
30	
45	
35	
0	
60	

(4)

:	2
4	
16	
8	
0	
14	
10	
18	
6	
20	
12	
2	
30	

Zerlege geschickt. Schreibe die Zwischenergebnisse auf.
✓ heißt: Ich habe kontrolliert, es stimmt.

(5) 265 + 27 = 292 ✓
285 / 292

(6) 317 + 14 =

(7) 452 + 109 =

(8) 746 + 150 =

(9) 524 + 76 =

(10) 177 + 333 =

(11) 139 + 505 =

(12) 852 + 138 =

(13) 624 + 265 =

① 3er-Zahlen:

3	6	9									36

②

·	3	30	13
5			
10			
2			
4			
8			
3			
6			
9			
0			
7			
11			

③ *

:	3
18	6 ✓
20	
12	
13	
24	
26	
15	
17	
21	
23	
2	

Kontrolle: (Umkehraufgabe)

6 · 3 = 18

6 · 3 + 2 = 20

Zerlege geschickt. Schreibe die Zwischenergebnisse auf.

✓ heißt: Ich habe kontrolliert, es stimmt.

④ 371 – 16 = 355 ✓

361 / 355

⑤ 371 – 55 =

⑥ 371 – 204 =

⑦ 720 – 43 =

⑧ 720 – 208 =

⑨ 720 – 460 =

⑩ 548 – 309 =

⑪ 548 – 430 =

⑫ 548 – 326 =

* Schreibweise bei Division mit Rest: 20 : 3 = 6 R 2 oder 20 : 3 = 6 + 2 : 3

(1) 4er-Zahlen:

4	8	12									48

(2)

·	4	14	40	24
0				
10				
5				
6				
7				
4				
8				
9				
11				
12				
20				

(3) *

:	4	Kontrolle: (Umkehraufgabe)
20	5 ✓	5 · 4 = 20
22		5 · 4 + 2 = 22
28		
29		
16		
19		
24		
26		
36		
39		
3		

Ergänze in mehreren Schritten. ✓ heißt: Ich habe kontrolliert, es stimmt.

(4) 632 + 68 ✓ = 700

8 | 60

(5) 568 + ___ = 610

(6) 119 + ___ = 830

(7) 456 + ___ = 600

(8) 237 + ___ = 450

(9) 680 + ___ = 843

(10) 324 + ___ = 405

(11) 775 + ___ = 902

(12) 483 + ___ = 1 000

* Schreibweise bei Division mit Rest: 22 : 4 = 5 R 2 oder 22 : 4 = 5 + 2 : 4

①

☐	· 5 = 25
☐	· 15 = 30
☐	· 4 = 28
☐	· 14 = 70
☐	· 3 = 12
☐	· 13 = 91
☐	· 2 = 12
☐	· 12 = 48
☐	· 4 = 36
☐	· 14 = 42

②

240 : 30 =	8 ✓	8 · 30 = 240
180 : 30 =	☐	______
160 : 40 =	☐	______
360 : 40 =	☐	______
500 : 50 =	☐	______
250 : 50 =	☐	______
100 : 20 =	☐	______
180 : 20 =	☐	______
270 : 30 =	☐	______
120 : 30 =	☐	______

Addiere zur Kontrolle von oben nach unten.

✓ heißt: Ich habe kontrolliert, es stimmt.

③

	4	8	7	5
+	3	1	6	4
+		7	8	8
+	1	9	0	9
	2	2	2	
1	0	7	3	6 ✓

④

		4	2	8
+	6	4	5	5
+	3	7	4	8
+	2	1	6	7

⑤

	6	7	6	5
+		7	4	3
+	9	4	3	8
+		1	7	2

⑥

	2	0	0	8
+	6	3	7	4
+	2	8	8	8
+	1	7	9	5

⑦

	3	0	2	0
+	2	6	8	9
+		9	1	1
+	3	0	5	0

⑧

		3	1	6
+	7	1	2	0
+		8	6	8
+	4	1	2	2

⑨

	8	8	8	8
+		1	1	2
+	2	7	0	0
+		9	9	9

⑩

		1	2	3
+	9	0	7	0
+		2	3	7
+	1	2	3	0

⑪

⑫

⑬

① 15 ✓ : 5 = 3   3 · 5 = 15

: 5 = 6

: 5 = 8

: 5 = 4

: 3 = 9

: 3 = 4

: 3 = 8

: 3 = 5

: 4 = 4

: 4 = 7

: 4 = 5

: 4 = 8

② 16 : 4 =

: 3 = 5

15 : = 3

: 4 = 7

18 : = 9

24 : 4 =

: 5 = 8

21 : = 7

: 3 = 6

36 : = 9

35 : 5 =

: 4 = 3

③ 427 + 56 =

477 /

④ 319 + 52 =

⑤ 255 + 707 =

⑦

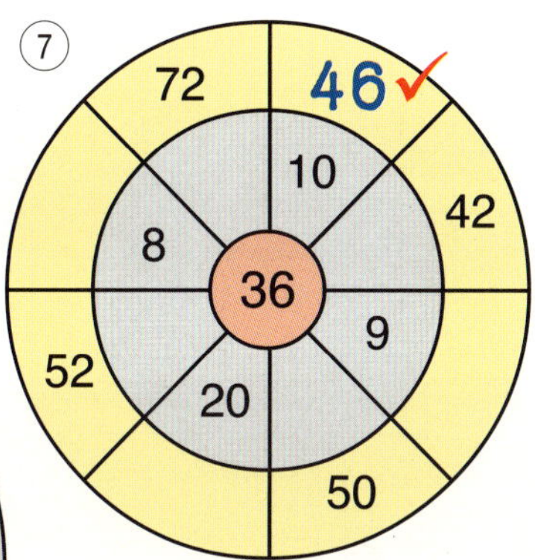

⑥

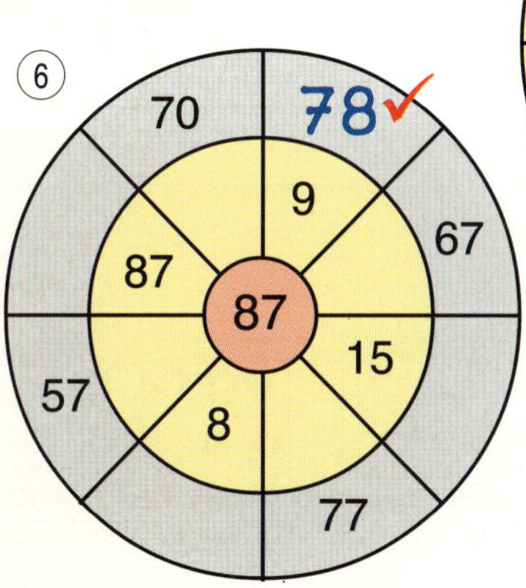

⑧

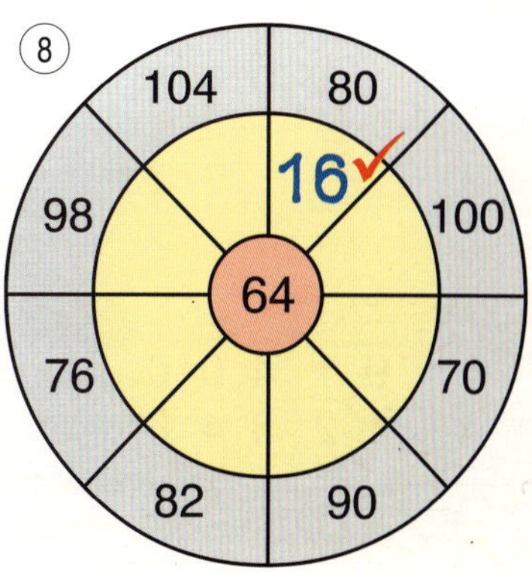

①

·	13
0	
10	
9	
3	
6	
2	
4	
8	
7	
5	
1	
11	

②

·	30
1	
2	
4	
8	
5	
7	
3	
6	
10	
9	
0	
12	

③ *

:	3
11	
32	
16	
21	
23	
29	
7	
25	
18	
2	
28	
20	

Kontrolle: (Umkehraufgabe)

$3 \cdot 3 + 2 = 11$

Addiere zur Kontrolle von unten nach oben.

✓ heißt: Ich habe kontrolliert, es stimmt.

④

	7	1	2	0	6
−	1	8	5	5	3
	1	1	1		
	5	2	6	5	3 ✓

⑤

	7	1	2	0	6
−	5	5	5	5	5

⑥

	7	1	2	0	6
−	6	7	8	9	0

⑦

	2	3	0	4	5
−	1	4	0	5	3

⑧

	8	8	1	2	3
−	7	7	7	0	3

⑨

	9	1	0	0	8
−	9	0	7	8	0

⑩

	9	1	4	0	0
−	1	2	3	4	5

⑪

	9	1	4	0	0
−	1	3	4	5	6

⑫

	9	1	4	0	0
−	7	4	5	6	7

* Schreibweise bei Division mit Rest: 11 : 3 = 3 R 2 oder 11 : 3 = 3 + 2 : 3

① $315 + 67 =$ ______

② $446 + 39 =$ ______

③ $248 + 607 =$ ______

④ $690 - 78 =$ ______

⑤ $678 - 49 =$ ______

⑥ $952 - 508 =$ ______

Addiere zur Kontrolle von unten nach oben!

⑦

	3	2	7	0	8
–		8	7	0	6
					2

⑧

	3	2	7	0	8
–		7	0	6	5

⑨

	3	2	7	0	8
–	1	6	5	4	0

⑩

	6	0	7	0	9
–	1	2	0	3	4

⑪

	6	0	7	0	9
–	2	3	0	4	5

⑫

	6	0	7	0	9
–	3	4	5	0	6

⑬

	8	4	8	0	6
–	2	6	3	5	0

⑭

	8	4	8	0	6
–	4	3	5	0	3

⑮

	8	4	8	0	6
–	6	9	0	3	2

⑯

a 2	9	b 2	■	c	d
5	■	e	f	■	
g 1	h			■	
■		■	i	k	
l			■		■

waagerecht:

a) $245 + 47$

c) $138 - 57$

e) $127 - 55$

g) $548 + 552$

i) $145 + 65$

l) $88 + 76$

senkrecht:

a) $411 - 160$

b) $395 - 125$

d) $274 + 726$

f) $256 - 54$

h) $57 + 79$

k) $75 - 58$

① 4✓ · 3 = 12 12 : 3 = 4

☐ · 4 = 20 ____________

☐ · 5 = 20 ____________

☐ · 3 = 18 ____________

☐ · 4 = 28 ____________

☐ · 5 = 35 ____________

☐ · 2 = 14 ____________

☐ · 3 = 27 ____________

② ☐ · 40 = 240

☐ · 30 = 210

☐ · 20 = 160

☐ · 50 = 350

☐ · 40 = 320

☐ · 30 = 240

☐ · 50 = 450

☐ · 30 = 300

③ 6 · ☐ = 24

9 · ☐ = 18

3 · ☐ = 27

4 · ☐ = 24

8 · ☐ = 32

7 · ☐ = 35

5 · ☐ = 40

8 · ☐ = 40

Addiere zur Kontrolle von oben nach unten!

④

	3	1	2	4	6
+	1	7	4	3	2
+	2	2	1	4	9
+		9	4	6	1
				1	
					8

⑤

	5	2	1	3	3
+		6	3	5	8
+	1	2	7	4	3
+		8	4	9	5

⑥

	1	2	3	5	7
+	1	4	2	6	8
+		9	3	1	5
+	3	7	2	1	6

Rechne soweit du kannst. Fertig, los!

⑦

550 – 5 = ______

550 – 10 = ______

550 – 15 = ______

550 – 20 = ______

⑧

3 · 2 + 10 = ______

3 · 3 + 10 = ______

3 · 4 + 10 = ______

3 · 5 + 10 = ______

⑨

150 + 3 = ______

165 + 6 = ______

180 + 9 = ______

195 + 12 = ______

① *

:	4
23	
31	
9	
13	
16	
24	
27	
52	
43	
26	
1	

Kontrolle: (Umkehraufgabe)

5 · 4 + 3 = 23

②

200 : 40 =

120 : 30 =

90 : 30 =

400 : 50 =

180 : 30 =

280 : 40 =

300 : 50 =

360 : 40 =

210 : 30 =

450 : 50 =

320 : 40 =

③

	1	0	0	0	0	0
–		1	2	3	4	5
					1	
						5

④

	1	0	0	1	2	3
–		1	3	5	6	7

⑤

	1	0	1	0	8	3
–		9	8	7	6	2

⑥

a 2	4	■	b	c
d 3		e	■	
g 6	■	f	g	
■	h			■
i		■	k	l
	■	m	■	
n			■	

waagerecht:

a) 3 · 8

b) 7 · 6

d) 270 + 95

f) 68 + 74

h) 103 + 102

i) 8 · 8

k) 9 · 9

m) 45 : 9

n) 136 + 340

senkrecht:

a) 118 + 118

b) 32 : 8

c) 104 + 98

e) 51 · 10

g) 196 + 262

h) 3 · 8

i) 498 + 136

l) 10 · 17

m) 7 · 8

* Schreibweise bei Division mit Rest: 23 : 4 = 5 R 3 oder 23 : 4 = 5 + 3 : 4

A	E	G	H	I	L	N	O	P	R	S	T	V	Y	Z	.
0	7	8	13	15	28	56	78	90	98	120	150	152	160	180	190

21 : 3 =	62 – 47 =	15 : 1 =
80 + 72 =	2 · 14 =	2 · 28 =
28 : 4 =	50 – 22 =	24 : 3 =
7 · 14 =	13 · 0 =	17 + 39 =
35 : 5 =	98 – 0 =	6 · 13 =
3 · 40 =	160 : 1 =	45 + 53 =
75 + 75 =	3 · 50 =	40 : 5 =
70 : 10 =	86 – 79 =	0 : 16 =
3 · 30 =	4 · 14 =	80 · 2 =
26 : 2 =	60 · 3 =	0 + 190 =

Der Mount _ _ _ _ _ _ _ wurde 1953 von _ . _ . _ _ _ _ _ _ _

und _ _ _ _ _ _ _ _ _ _ _ _ _ zum 1. Mal bestiegen _

(1)

$8 \cdot 14 =$ ___

$6 \cdot 30 =$ ___

$4 \cdot 15 =$ ___

$7 \cdot 40 =$ ___

$9 \cdot 13 =$ ___

$5 \cdot 50 =$ ___

(2)

___ $\cdot\ 30 = 210$

___ $\cdot\ 13 = 65$

___ $\cdot\ 40 = 240$

___ $\cdot\ 14 = 56$

___ $\cdot\ 50 = 450$

___ $\cdot\ 15 = 150$

(3)

$16 : 2 =$ ___

$160 : 2 =$ ___

$15 : 3 =$ ___

$150 : 3 =$ ___

$28 : 4 =$ ___

$280 : 4 =$ ___

(4)

$579 - 67 =$ ___

(5)

$538 + 144 =$ ___

(6)

$765 - 257 =$ ___

(7)

	7	2	4	0	3
–	5	6	5	5	5

(8)

	2	5	7	8	9
+	3	6	4	4	4

(9)

	8	1	3	6	0
–	7	5	0	9	9

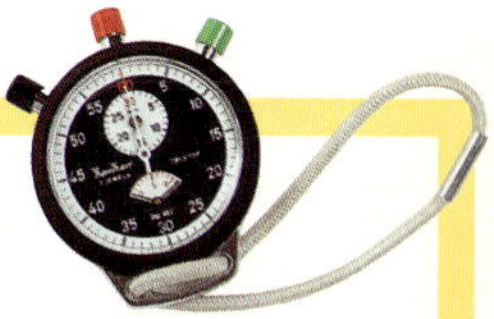

Rechne soweit du kannst. Fertig, los!

(10)

$930 - 2 =$ ___

$920 - 4 =$ ___

$910 - 6 =$ ___

$900 - 8 =$ ___

(11)

$200 + 8 =$ ___

$204 + 8 =$ ___

$208 + 8 =$ ___

$212 + 8 =$ ___

(12)

$1 \cdot 9 + 10 =$ ___

$2 \cdot 9 + 20 =$ ___

$3 \cdot 9 + 30 =$ ___

$4 \cdot 9 + 40 =$ ___

Mathe-fit-Test 1

①
638 + 45 =

②
270 + 135 =

③
366 + 407 =

④
678 – 59 =

⑤
472 – 66 =

⑥
817 – 208 =

⑦
7 · 3 =
5 · 4 =
6 · 5 =
9 · 2 =

⑧
28 : 4 =
25 : 5 =
27 : 3 =
14 : 2 =

⑨
15 : 2 =
26 : 3 =
18 : 4 =
44 : 5 =

Kontrolle:

⑩

	2	7	3	6
+		4	1	5
+	1	3	7	8

⑪

	5	5	0	2
+	1	2	3	4
+		6	0	4

⑫

	6	9	9	9
+	3	1	2	3
+		8	9	0

⑬

	1	0	6	9	7
–		2	4	3	6

⑭

	8	9	0	4
–	1	3	6	4

⑮

	1	2	3	4	5
–		6	4	4	8

⑯
6 · 14 =
4 · 13 =

⑰
7 · 15 =
9 · 14 =

⑱
 · 40 = 320
 · 30 = 180

⑲
210 : 30 =
240 : 40 =

Du hast ☐ Aufgaben richtig gelöst.

① 6er-Zahlen:

6	12	18									72

②

·	6	60	16
10			
9			
3			
6			
5			
7			
2			
4			
8			
0			

③

:	6
30	
12	
6	
18	
42	
36	
24	
54	
60	
48	

④

5 · 600 = 3 000 ✓

3 · 6 000 = 18 000 ✓

4 · 600 = ______

7 · 600 = ______

4 · 6 000 = ______

9 · 600 = ______

5 · 6 000 = ______

7 · 6 000 = ______

8 · 600 = ______

8 · 6 000 = ______

6 · 6 000 = ______

⑤

·	3	5	7	10	100
40					
500					
6 000					
300					
8 000					
90					

⑥

36 + 15 =

336 + 15 =

436 + 115 =

136 + 515 =

⑦

57 + 39 =

157 + 139 =

557 + 239 =

257 + 439 =

⑧

68 + 38 =

668 + 38 =

168 + 238 =

368 + 338 =

Runde auf volle Tausender.

(1)
2327 ≈ 2000 ✓
2527 ≈ 3000 ✓
4605 ≈ ______
3118 ≈ ______

(2)
6928 ≈ ______
6597 ≈ ______
6431 ≈ ______
1866 ≈ ______

(3)
3380 ≈ ______
7509 ≈ ______
9477 ≈ ______
8695 ≈ ______

Vergleiche das Ergebnis mit dem Überschlag. ✓ heißt: Es kann stimmen!

(4) Überschlag:
2000 · 6 = 12000

2	3	2	7	·	6
	1	3	9	6	2

✓

(5) Überschlag:
3000

2	5	2	7	·	6

(6) Überschlag:

4	6	0	5	·	6

(7) Überschlag:

5	4	4	2	·	6

(8) Überschlag:

6	4	4	3	·	6

(9) Überschlag:

7	5	3	2	·	6

(10) Überschlag:

7	6	5	5	·	6

(11) Überschlag:

8	8	2	1	·	6

(12) Überschlag:

9	3	6	9	·	6

(13)
45 – 29 =
145 – 29 =
645 – 329 =
745 – 429 =

(14)
63 – 18 =
163 – 18 =
363 – 118 =
963 – 918 =

(15)
34 – 25 =
234 – 200 =
234 – 225 =
734 – 525 =

(16)
674 – 345 =

(17)
473 – 166 =

(18)
734 – 528 =

① 8er-Zahlen:

8	16										96

②

·	8	18	800
2			
4			
8			
5			
10			
9			
7			
3			
6			
12			

③ *

:	8
42	
45	
17	
37	
75	
23	
30	
20	
57	
71	

Kontrolle: (Umkehraufgabe)

$5 \cdot 8 + 2 = 42$

Addiere zur Kontrolle von oben nach unten!

④

	2	1	4	5
+		6	7	2
+	3	1	5	7
+		9	1	6
			2	
				0

⑤

	5	1	0	7
+		9	3	6
+	1	7	8	2
+			4	9

⑥

	1	7	2	4
+	1	9	7	8
+		5	0	0
+	3	2	6	7

⑦

	3	0	8	8
+	2	7	0	5
+			6	1
+		9	1	2

Rechne geschickt.

Beispiel zu Nr. 8: 1, 2, 6. 6 + **6** = 12 (Betone 6!)

Addiere zur Kontrolle von unten nach oben!

⑧

	9	4	3	2
−		7	8	4
−	3	7	2	1
−		5	2	1

⑨

	8	4	2	1
−		6	7	7
−	4	1	9	9
−	1	3	5	6

⑩

	7	4	4	4
−	1	3	3	3
−		8	2	9
−	1	5	6	9

⑪

	1	2	3	4	5
−		8	7	2	1
−		1	3	6	5
−		2	0	1	7

* Schreibweise bei Division mit Rest: 42 : 8 = 5 R 2 oder 42 : 8 = 5 + 2 : 8

①

	gerundet auf ZT	gerundet auf T	gerundet auf H
32 763	30 000	33 000	32 800
2 743	0		
3 746			
18 352			
2 096			
4 470			
43 759			
5 509			
6 368			

Vergleiche das Ergebnis mit dem Überschlag. ✓ heißt: Es kann stimmen!

②

Ü: 30 000 · 8 =

240 000

3	2	7	6	3	·	8
						4

③

Ü:

2	7	4	3	·	8

④

Ü:

3	7	4	6	·	8

⑤

Ü:

1	8	3	5	2	·	8

⑥

Ü:

2	0	9	6	·	8

⑦

Ü:

4	4	7	0	·	8

⑧

Ü:

4	3	7	5	9	·	8

⑨

Ü:

5	5	0	9	·	8

⑩

Ü:

6	3	6	8	·	8

Rechne zu jeder Aufgabe auch die Tauschaufgabe.

① $5 \cdot 6 =$ 30 ✓ $6 \cdot 5 = 30$

$4 \cdot 6 =$ ___ ___

$8 \cdot 6 =$ ___ ___

$7 \cdot 6 =$ ___ ___

$9 \cdot 6 =$ ___ ___

② $4 \cdot 8 =$ ___ ___

$8 \cdot 8 =$ ___ ___

$5 \cdot 8 =$ ___ ___

$6 \cdot 8 =$ ___ ___

$7 \cdot 8 =$ ___ ___

③ $7 \cdot 4 =$ ___ ___

$7 \cdot 5 =$ ___ ___

$7 \cdot 6 =$ ___ ___

$7 \cdot 7 =$ ___ ___

$7 \cdot 8 =$ ___ ___

④ $9 \cdot 4 =$ ___ ___

$5 \cdot 9 =$ ___ ___

$7 \cdot 3 =$ ___ ___

$9 \cdot 8 =$ ___ ___

$7 \cdot 9 =$ ___ ___

⑤

·	3	6	4	8	80	60	100	400	8 000
5									
7									
10									
9									
4									
8									
3									
6									

⑥

⑦

⑧

①
100 – 20 =
116 – 20 =
316 – 50 =
726 – 40 =
846 – 60 =

②
390 + 10 =
380 + 40 =
460 + 70 =
564 + 60 =
854 + 80 =

③
400 – 50 =
425 – 50 =
525 – 70 =
725 – 90 =
625 – 80 =

④
417 – 35 =

⑤
783 + 36 =

⑥
342 – 68 =

⑦
417 – 48 =

⑧
378 + 53 =

⑨
342 – 75 =

Addiere zur Kontrolle von oben nach unten. (Siehe S. 17)

⑩

	7	5	2	3	4
–		3	4	5	0
–	1	0	2	7	9
–			4	5	6
				2	
					9

⑪

	6	0	0	2	9
–	2	5	1	1	1
–			7	7	7
–		8	4	0	8

⑫

	1	0	0	0	0	0
–			9	0	7	4
–		2	0	5	9	8
–				6	4	1

⑬
Ü:

2	3	4	5	6	·	5

⑭
Ü:

6	7	8	9	·	6	

⑮
Ü:

3	5	0	0	8	·	8

⑯

Zahl a	100	120	140	150	70	90			
$\frac{1}{2}$ a	50 ✓						150	300	180

Löse mit Hilfe der Umkehraufgaben.

1

80 : 16 = 5 K: 5 · 16 = 80

: 60 = 9 K: 9 · 60 =

: 16 = 7 K:

: 18 = 6 K:

: 80 = 4 K:

: 14 = 9 K:

: 30 = 7 K:

: 18 = 8 K:

2

: 13 = 9

: 15 = 7

: 10 = 4

: 60 = 8

: 18 = 7

: 12 = 5

: 16 = 8

: 80 = 6

3

600 – 60 =

630 – 60 =

640 – 80 =

4

700 – 50 =

710 – 60 =

720 – 40 =

5

300 – 80 =

410 – 80 =

530 – 80 =

6

645 – 82 =

7

714 – 66 =

8

538 – 84 =

9

Ü:

3	4	6	0	3	·	4

10

Ü:

4	8	8	8	·	6

11

Ü:

4	2	4	4	7	·	8

12

Zahl a	20	40	80	100	160	240		
$\frac{1}{4}$ a	5						80	
$\frac{1}{2}$ a	10							500

A	G	I	J	K	N	O	R	S	T	U	W	1	6	9
0	6	8	9	10	17	34	57	72	85	126	127	150	160	170

76 – 76 = ___
4 · 18 = ___
68 + 17 = ___
57 – 0 = ___
34 : 1 = ___
85 – 68 = ___
48 · 0 = ___
7 · 18 = ___
56 + 29 = ___
360 : 40 = ___

175 – 49 = ___
3 · 19 = ___
72 : 9 = ___
720 : 80 = ___
42 : 7 = ___
0 : 27 = ___
54 : 9 = ___
0 : 45 = ___
92 – 35 = ___
56 : 7 = ___

34 – 17 = ___
17 · 10 = ___
4 · 40 = ___
5 · 30 = ___
0 + 127 = ___
2 · 17 = ___
26 + 46 = ___
5 · 17 = ___
68 – 34 = ___
120 : 12 = ___

Der erste _ _ _ _ _ _ _ _ _ war _ _ _ _ _ _ _ _ _ _ _ _ .

Er umrundete 1 _ _ _ an Bord der _ _ _ _ _ _ zum ersten Mal die Erde.

①

·	3	6	4	8	50
5					
4					
6					

②

·	60	10	18	600
7				
4				
10				

③ 200 – 35 =

510 – 35 =

④ 410 – 20 =

512 – 20 =

⑤ 190 + 45 =

290 + 55 =

⑥ 614 – 35 =

⑦ 312 – 28 =

⑧ 910 + 95 =

⑨ ___ : 16 = 4 K: ___

___ : 18 = 9 K: ___

⑩ ___ : 300 = 4

___ : 500 = 6

⑪

	4	0	1	2	3
–	1	0	6	6	6
–		5	0	7	3
				1	
					4

⑫

	9	1	1	1	0
–	4	8	0	0	8
–			7	0	2

⑬

	1	0	0	0	0	0
–			9	9	9	9
–		1	2	3	4	5

Rechne soweit du kannst. Fertig, los!

⑭ 100 – 10 = ___

200 – 20 = ___

300 – 30 = ___

400 – 40 = ___

⑮ 1 · 11 = ___

2 · 12 = ___

3 · 13 = ___

4 · 14 = ___

⑯ 60 + 8 = ___

120 + 16 = ___

180 + 24 = ___

240 + 32 = ___

Mathe-fit-Test 2

(1)

·	4	8	3	6
9				
6				

(2)

·	16	18	60	80	300
5					
8					

(3)

100 – 75 =

310 – 75 =

430 – 75 =

(4)

190 + 40 =

290 + 40 =

595 + 40 =

(5)

610 – 20 =

310 – 40 =

710 – 60 =

(6)

645 – 75 =

(7)

392 + 47 =

(8)

616 – 38 =

(9)

Ü:

1	7	0	8	6	·	4

(10)

Ü:

9	8	7	6	·	6

(11)

Ü:

1	3	5	4	3	·	8

(12)

: 14 = 9 K:

: 15 = 8 K:

: 16 = 7 K:

: 18 = 6 K:

(13)

: 40 = 9

: 60 = 6

: 80 = 8

: 60 = 4

(14)

	2	5	7	3	3
+		8	6	4	4
+		3	0	0	1
+			9	1	5

(15)

	4	3	4	1	1
–	1	0	2	2	0
–		8	4	5	6

(16)

	1	0	0	0	0	0
–		4	0	3	0	5
–			6	6	6	6

Du hast ☐ Aufgaben richtig gelöst.

① 9er-Zahlen:

9	18										108

②

:	9
81	
27	
9	
54	
90	
0	
36	
45	
72	
18	
63	
99	

Kontrolle: (Umkehraufgabe)

$9 \cdot 9 = 81$

③

·	90	19	900
0			
1			
5			
10			
9			
3			
6			
4			
8			
12			
7			
15			

④
18 : 9 =
180 : 9 =
1 800 : 9 =

⑤
36 : 9 =
360 : 9 =
3 600 : 9 =

⑥
90 : 9 =
900 : 9 =
9 000 : 9 =

⑦
45 : 9 =
450 : 9 =
4 500 : 9 =

⑧
27 : 9 =
270 : 9 =
2 700 : 9 =

⑨
63 : 9 =
630 : 9 =
6 300 : 9 =

⑩

⑪

⑫

① Überschlagsrechnen bei der Division

Aufgabe	die zwei ersten Stellen gerundet	nächste Viererzahl	Überschlag
1340 : 4	13	12	1200 : 4 = 300 ✓
3488 : 4	35	36	3600 : 4 =
2116 : 4	21	20	
4320 : 4	43		
1792 : 4	18		
1484 : 4			
2536 : 4			
1928 : 4			
3144 : 4			
3812 : 4			

② Überschlag:

1200 : 4 = 300

1 3 4 0 : 4 = 3 3 5 ✓
1 2
  1 4
  1 2
    2 0
    2 0
      0

K:

3 3 5 · 4
  1 3 4 0

③ Überschlag:

3 4 8 8 : 4 =

K:

④ Überschlag:

2 1 1 6 : 4 =

K:

⑤ Überschlag:

4 3 2 0 : 4 =

K:

① Überschlagsrechnen bei der Division

Aufgabe	die zwei ersten Stellen gerundet	nächste Sechserzahl	Überschlag
1350 : 6	14	12	1200 : 6 = 200 ✓
2814 : 6	28	30	3000 : 6 =
3564 : 6	36	36	
5118 : 6	51		
4572 : 6			
3462 : 6			
1944 : 6			
4896 : 6			
1290 : 6			
5526 : 6			

② Überschlag:

1 3 5 0 : 6 =

K:

③ Überschlag:

2 8 1 4 : 6 =

K:

④ Überschlag:

3 5 6 4 : 6 =

K:

⑤ Überschlag:

5 1 1 8 : 6 =

K:

① 7er-Zahlen:

7	14										84

②

·	7	70	17
7			
4			
8			
3			
6			
0			
5			
10			
9			
12			
20			
15			

③ *

:	7
35	
37	
21	
26	
70	
74	
28	
31	
42	
48	
56	
57	

Kontrolle: (Umkehraufgabe)

5 · 7 =

5 · 7 + 2 =

④
140 : 7 =
1 400 : 7 =

⑤
70 : 7 =
7 000 : 7 =

⑥
350 : 7 =
3 500 : 7 =

⑦
280 : 7 =
2 800 : 7 =

⑧
630 : 7 =
6 300 : 7 =

⑨
49 : 7 =
490 : 7 =

⑩
6 000 – 50 =
7 020 – 60 =
8 040 – 80 =
9 030 – 70 =
9 050 – 90 =

⑪
+ 56 = 220 K: 220 – 56 =
+ 43 = 525 K:
– 50 = 380 K:
– 49 = 510 K:
– 77 = 830 K:

* Schreibweise bei Division mit Rest: 37 : 7 = 5 R 2 oder 37 : 7 = 5 + 2 : 7

① Überschlagsrechnen bei der Division

Aufgabe	die zwei ersten Stellen gerundet	nächste Siebenerzahl	Überschlag
4312 : 7	43	42	4200 : 7 = 600 ✓
2695 : 7	27	28	
1155 : 7			
5509 : 7			
1645 : 7			

② Überschlag:

4 3 1 2 : 7 =

K:

③ Überschlag:

2 6 9 5 : 7 =

K:

④ Überschlag:

1 1 5 5 : 7 =

K:

⑤ Überschlag:

5 5 0 9 : 7 =

K:

⑥

⑦

⑧

① Überschlagsrechnen bei der Division. Achte auf den Divisor.

Aufgabe	die zwei ersten Stellen gerundet	nächste teilbare Zahl	Überschlag
3624 : 8	36	40	4000 : 8 =
4077 : 9			
5808 : 8			
7605 : 5			
4773 : 3			

② Überschlag:

3 6 2 4 : 8 =

K:

③ Überschlag:

4 0 7 7 : 9 =

K:

④

	7	3	5	0	4
−	1	6	4	4	5
				1	
					9

⑤

	1	0	9	0	0	0
−		8	8	5	3	2

⑥

	1	0	0	0	0	0
−		8	8	5	7	3

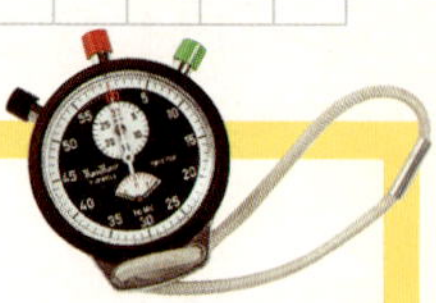

Rechne soweit du kannst. Fertig, los!

⑦ 303 + 10 =

302 + 15 =

301 + 20 =

300 + 25 =

⑧ 2 · 10 =

4 · 12 =

6 · 14 =

8 · 16 =

⑨ 100 − 9 =

200 − 18 =

400 − 27 =

800 − 36 =

Konzentrationsübung (Zur Kontrolle von rechts nach links!)

Streiche die falschen Ergebnisse durch.

① 7 + 3 + 9 + 3 + 5 + 4 + 1 + 6 + 8 + 4 + 6 = 48 | 53 | 56

② 8 + 2 + 5 + 7 + 4 + 6 + 9 + 4 + 7 + 8 + 5 = 65 | 67 | 72

③ 4 + 7 + 6 + 7 + 5 + 5 + 7 + 6 + 6 + 9 + 9 = 66 | 71 | 80

④ 1 + 2 + 3 + 4 + 5 + 6 + 7 + 8 + 9 + 1 + 2 = 46 | 47 | 48

⑤ 5 + 8 + 4 + 7 + 9 + 6 + 3 + 9 + 8 + 5 + 9 = 73 | 78 | 84

Kontrolliere jede Aufgabe.

⑥ 395 + 27 = ____

⑦ 216 – 24 = ____

⑧ 485 + 27 = ____

Addiere zur Kontrolle von unten nach oben.

⑨

	8	3	7	2	1
–		4	9	6	5
–	3	2	1	4	4
–	1	7	4	8	2

⑩

	6	9	3	5	2
–	1	4	6	5	3
–		6	7	2	2
–	2	1	9	5	7

⑪

	7	2	1	4	4
–		8	6	7	7
–	1	3	9	4	2
–	3	0	4	7	0

⑫

	9	0	2	1	0
–		7	4	3	6
–	2	1	0	7	4
–	1	7	6	0	5

⑬

a 5	b 6		c	d
e 2		f		
	g		h	
i		j		
k	l		m	n
o		p		

waagerecht:

a) 7 · 8
c) 4 · 7
e) 176 + 88
g) 3 · 2 110
i) 24 : 12
j) 108 : 9
k) 65 : 5
m) 9 · 9
o) 32 · 4

senkrecht:

a) 2 · 26
b) 6 · 111
d) 126 + 674
f) 235 + 196
h) 4 · 80 + 8
i) 105 + 106
l) 4 · 8
n) 99 : 9
p) 72 : 9

A	E	F	G	I	K	L	N	O	P	R	S	T	U	W	Y
0	6	7	9	12	15	18	20	32	49	56	68	108	123	171	184

96 – 96 =	0 : 100 =	9 · 19 =
36 : 2 =	6 · 18 =	89 + 95 =
55 – 37 =	3 · 6 =	4 · 8 =
48 : 8 =	63 · 0 =	8 · 7 =
36 : 3 =	80 : 4 =	45 : 3 =
60 : 3 =	49 + 59 =	7 · 7 =
56 : 8 =	72 : 6 =	0 : 51 =
60 – 42 =	92 – 77 =	7 · 8 =
66 + 57 =	100 : 5 =	51 – 39 =
63 : 7 =	75 – 69 =	4 · 17 =

Der amerikanische Pilot Charles A. Lindbergh überquerte

1927 im __________ als erster den ________

von ___ ____ nach _____ .

1 Überschlagsrechnen bei der Division. Achte auf den Divisor.

Aufgabe	die zwei ersten Stellen gerundet	nächste teilbare Zahl	Überschlag
2358 : 3	24	24	2400 : 3 =
2685 : 3			
2360 : 5			
4820 : 5			
3032 : 8			
4688 : 8			

2 Ü: ______

2 3 5 8 : 3 =

K:

3 Ü: ______

2 6 8 5 : 3 =

K:

4 Ü: ______

2 3 6 0 : 5 =

K:

5 Ü: ______

4 8 2 0 : 5 =

K:

6 Ü: ______

3 0 3 2 : 8 =

K:

7 Ü: ______

4 6 8 8 : 8 =

K:

Mathe-fit-Test 3

① Überschlagsrechnen bei der Division

Aufgabe	die zwei ersten Stellen gerundet	nächste teilbare Zahl	Überschlag
3708 : 4			
3340 : 4			
3858 : 6			
3414 : 6			
3645 : 9			
6903 : 9			
2093 : 7			
3920 : 7			
5648 : 8			
3912 : 8			

② Überschlag:

4 2 4 8 : 6 =

K:

③ Überschlag:

4 7 4 6 : 7 =

K:

④ 327 – 36 =

⑤ 492 + 35 =

⑥ 615 – 220 =

⑦ 9 + 5 + 9 + 5 + 9 + 5 + 9 + 5 + 9 + 5 =

⑧ 9 + 5 + 4 + 3 + 2 + 1 + 9 + 8 + 7 + 6 =

⑨ 2 + 3 + 5 + 6 + 6 + 8 + 7 + 7 + 6 + 0 =

Du hast ☐ Aufgaben richtig gelöst.

Potenzschreibweise (Beispiele)

$2^5 = 2 \cdot 2 \cdot 2 \cdot 2 \cdot 2 = 32$

$4^4 = 4 \cdot 4 \cdot 4 \cdot 4 = 256$

$3^4 = 3 \cdot 3 \cdot 3 \cdot 3 = 81$

$10^3 = 10 \cdot 10 \cdot 10 = 1000$

$8^2 = 8 \cdot 8 = 64$

$20^2 = 20 \cdot 20 = 400$

(1)

$3^2 =$ $3 \cdot 3$ $=$ 9 ✓

$3^3 =$ ______ $=$ ______

$3^4 =$ ______ $=$ ______

$4^2 =$ ______ $=$ ______

$4^3 =$ ______ $=$ ______

$6^2 =$ ______ $=$ ______

$7^2 =$ ______ $=$ ______

$8^2 =$ ______ $=$ ______

(2)

$5^2 =$ ______ $=$ ______

$5^3 =$ ______ $=$ ______

$5^4 =$ ______ $=$ ______

$10^2 =$ ______ $=$ ______

$10^3 =$ ______ $=$ ______

$10^4 =$ ______ $=$ ______

$2^4 =$ ______ $=$ ______

$2^6 =$ ______ $=$ ______

(3)

·	7	70	5	50	80
100					
4 000					
900					
7 000					
300					
8 000					

(4)

(5)

(6)

① Überschlagsrechnen bei der Multiplikation

Rechenweg für 4 000 · 70

4 T · 7 = 28 T   28 T · 10 = 280 T   280 T = 280 000

Aufgabe	erste Zahl gerundet	Rechenweg	Überschlag
4 325 · 70	4 000	4T · 70 = 280T	4 000 · 70 = 280 000 ✓
3 659 · 40			
8 203 · 20			
2 997 · 80			
6 426 · 50			
7 538 · 30			
5 666 · 60			
9 172 · 30			
5 555 · 70			

Vergleiche das Ergebnis mit dem Überschlag. ✓ heißt: Es kann stimmen!

② Ü: 4 000 · 70 = 280 000

4 3 2 5 · 7 0
3 0 2 7 5 0 ✓

③ Ü:

3 6 5 9 · 4 0

④ Ü:

8 2 0 3 · 2 0

⑤ Ü:

2 9 9 7 · 8 0

⑥ Ü:

6 4 2 6 · 5 0

⑦ Ü:

7 5 3 8 · 3 0

⑧ Ü:

5 6 6 6 · 6 0

⑨ Ü:

9 1 7 2 · 3 0

⑩ Ü:

5 5 5 5 · 7 0

(1) Ü: 3 000 · 60 =
180 000

2	9	9	7	·	6	0
					2	

(2) Ü: ______

6	4	2	6	·	8	0

(3) Ü: ______

7	5	3	8	·	7	0

(4) Ü: ______

3	4	7	2	·	6	0

(5) Ü: ______

9	1	3	5	·	2	0

(6) Ü: ______

4	3	5	6	·	9	0

(7)
268 + 4 =
268 + 7 =
268 + 40 =
268 + 55 =

(8)
995 + 7 =
995 + 20 =
995 + 35 =
995 + 77 =

(9)
487 + 5 =
487 + 20 =
487 + 73 =
487 + 88 =

(10)
$6^3 = 6 \cdot 6 \cdot 6 = 216$ ✓
$8^2 =$ ______ = ______
$3^4 =$ ______ = ______
$10^3 =$ ______ = ______
$5^3 =$ ______ = ______
$1^4 =$ ______ = ______

(11)
$7^2 =$ ______ = ______
$7^3 =$ ______ = ______
$9^2 =$ ______ = ______
$9^3 =$ ______ = ______
$4^3 =$ ______ = ______
$4^4 =$ ______ = ______

(12) 515 – 120 =

(13) 607 – 62 =

(14) 838 – 55 =

(15) 786 + 120 =

(16) 697 + 62 =

(17) 878 + 55 =

(1) Ü: ______

______

5	3	7	2	·	4	0

(2) Ü: ______

______

5	3	7	2	·	9	0

(3) Ü: ______

______

5	3	7	2	·	7	0

(4) Ü: ______

______

4	8	3	9	·	3	0

(5) Ü: ______

______

4	8	3	9	·	8	0

(6) Ü: ______

______

4	8	3	9	·	6	0

(7) 617 + 3050 + 4833 + 97 = ______

(8) 4219 + 86 + 3699 + 144 = ______

(9) 9000 – 822 – 1555 = ______

(10) 6427 – 2433 – 777 = ______

Nr. 7

Nr. 8

Nr. 9

Nr. 10

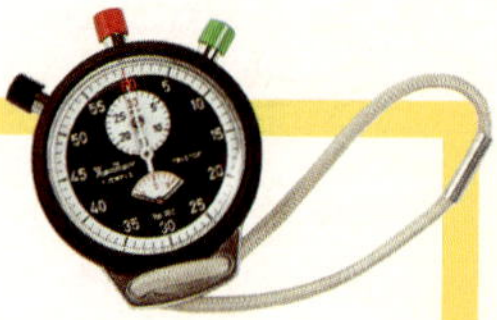

Rechne soweit du kannst. Fertig, los!

(11)

2^2 = 4 ✓

2^3 = 8 ✓

2^4 = ______

2^5 = ______

(12)

2^2 – 4 = ______

4^2 – 16 = ______

6^2 – 36 = ______

8^2 – 64 = ______

(13)

111 + 111 = ______

222 + 222 = ______

333 + 333 = ______

444 + 444 = ______

① 24 : 8 = ____ K: ____________

2 400 : 8 = ____ K: ____________

240 : 80 = ____ K: ____________

② 24 : 6 = ____ K: ____________

240 : 6 = ____ K: ____________

2 400 : 60 = ____ K: ____________

③ 45 : 9 = ____ K: ____________

4 500 : 9 = ____ K: ____________

450 : 90 = ____ K: ____________

④ 3 500 : 70 = ____

3 500 : 50 = ____

1 000 : 10 = ____

2 800 : 40 = ____

1 200 : 30 = ____

7 200 : 90 = ____

7 200 : 80 = ____

8 000 : 80 = ____

5 400 : 60 = ____

2 400 : 20 = ____

3 000 : 50 = ____

⑤ Ü: ____________

5 0 2 4 : 8 =

K:

⑥ Ü: ____________

3 6 9 7 8 : 6 =

K:

⑦

a 2	b 4	■	c	d
e		f	■	
	■	g	h	
■	i			■
j		■	k	

waagerecht:

a) das Doppelte von 12

c) die Hälfte von 98

e) das Vierfache von 31

g) das Sechsfache von 40

i) das Doppelte von 175

j) $\frac{1}{2}$ von 72

k) $\frac{1}{4}$ von 200

senkrecht:

a) 420 : 2

b) 6 · 7

c) 32 : 8

d) 150 · 6

f) 500 – 75

h) 120 + 285

i) 100 – 64

①

:	90	10
540		
5 400		
180		
2 700		
900		
6 300		
360		
8 100		
450		

②
320 : 4 = ______ K: 80 · 4 =
3 200 : 40 = ______ K: ______
320 : 40 = ______ K: ______

③
56 : 7 = ______ K: ______
5 600 : 7 = ______ K: ______
560 : 7 = ______ K: ______

④
360 : 60 = ______ K: ______
3 600 : 60 = ______ K: ______
3 600 : 6 = ______ K: ______

⑤
2^2 = 2 · 2 = 4 ✓
3^2 = ______ = ______
4^2 = ______ = ______
5^2 = ______ = ______
6^2 = ______ = ______

⑥
7^2 = ______ = ______
8^2 = ______ = ______
9^2 = ______ = ______
10^2 = ______ = ______
12^2 = ______ = ______

⑦
4 · 4 · 4 · 4 = 4^4 ✓
15 · 15 = ______
6 · 6 · 6 · 6 = ______
9 · 9 · 9 = ______
20 · 20 = ______

⑧

	5	7	2	0	8
–	4	3	2	2	6
			1		
				8	2

⑨

	1	3	0	1	1	1
–		8	8	8	8	8

⑩

	6	3	2	4	8
–	4	0	3	5	8

⑪

a 1	b 4	c 4	■	d
■	e		f	
g		■	h	
	■	i		■
j	k		■	l

waagerecht:

a) 12^2
e) 725 + 850
g) das Dreifache von 24
h) 6 · 9
i) 4 · 13
j) 22 · 20

senkrecht:

b) 2 · 206
c) 9 · 5
d) 11 · 14
f) 1000 – 248
g) 181 · 4
i) 2 · 25
k) 32 : 8
l) 1000 : 500

(1) Ü: ____________

____

1	2	7	8	6	·	4	0

(2) Ü: ____________

____

3	3	0	5	9	·	7	0

(3) Ü: ____________

____

5	7	8	0	4	·	9	0

(4) Ü: ____________

2 5 0 5 3 : 7 =

K:

(5) Ü: ____________

4 3 7 0 4 : 9 =

K:

(6) 4 € 16 ct = 4,16 € ✓

13 € 50 ct = ______

25 ct = ______

1 € 9 ct = ______

437 ct = ______

(7) 500 ct = ______

99 ct = ______

56 € 15 ct = ______

50 ct = ______

11 € 99 ct = ______

(8) 1,50 € = 150 ct ✓

0,33 € = ______

10,00 € = ______

7,65 € = ______

0,99 € = ______

Rechne schriftlich.

(9) 17,50 € – 583 ct = ______

(10) 50 € 85 ct – 25,76 € = ______

(11) 12,99 € + 516 ct + 86 ct + 1,79 € = ______

(12) 37 € + 18,09 € + 49 ct + 11 € = ______

Nr. 9

	1	7,	5	0	€
–					

Nr. 10

Nr. 11

Nr. 12

A	B	C	H	I	K	L	M	N	O	P	R	S	T	U	.
6	7	8	9	10	16	25	36	49	64	81	90	121	144	379	400

$64 : 8 =$ ___
$360 : 40 =$ ___
$1800 : 20 =$ ___
$100 : 10 =$ ___
$80 + 41 =$ ___
$12^2 =$ ___
$110 - 46 =$ ___
$9^2 =$ ___
$810 : 90 =$ ___
$4^2 =$ ___
$130 - 66 =$ ___
$5^2 =$ ___
$500 - 121 =$ ___

$360 : 10 =$ ___
$420 : 60 =$ ___
$450 - 71 =$ ___
$75 + 46 =$ ___
$630 : 90 =$ ___
$360 : 60 =$ ___
$3^2 =$ ___
$420 : 70 =$ ___
$6^2 =$ ___
$240 : 40 =$ ___
$200 - 79 =$ ___
$640 : 40 =$ ___
$280 + 99 =$ ___

$280 : 40 =$ ___
$480 : 80 =$ ___
$630 : 70 =$ ___
$200 : 20 =$ ___
$11^2 =$ ___
$120 - 39 =$ ___
$300 : 50 =$ ___
$7^2 =$ ___
$500 : 50 =$ ___
$8^2 =$ ___
$100 - 75 =$ ___
$180 : 30 =$ ___
$325 + 75 =$ ___

Im Jahr 1492 entdeckte ___ ___ die ___, ___ und ___ (Haiti) ___

(1) Ü: ______________________

____

5	6	2	9	·	8	0

(2) Ü: ______________________

____

4	2	0	7	8	·	5	0

(3) Ü: ______________________

____

2	7	8	0	0	4	·	9	0

(4) $2^4 =$ ______________ = ________

$3^3 =$ ______________ = ________

$10^2 =$ ______________ = ________

(5) $8^2 =$ ______________________ = ____________

$5^3 =$ ______________________ = ____________

$10^5 =$ ______________________ = ____________

Rechne schriftlich wie auf Seite 17.

(6) 59 € 95 ct – 12,50 € – 3 € 66 ct – 20 € 85 ct = ______________

(7) 16,09 € – 516 ct – 8 € 39 ct – 97 ct = ______________

(8) 80 € – 25 € 50 ct – 19,99 € – 18 € = ______________

Nr. 6

	5	9,	9	5	€
–	1	2,	5	0	€

Nr. 7

Nr. 8

(9) 500 – 60 =

510 – 65 =

533 – 60 =

527 – 65 =

(10) 670 + 30 =

660 + 58 =

680 + 62 =

685 + 47 =

(11) 1 000 – 500 =

1 100 – 550 =

1 050 – 100 =

1 236 – 300 =

(12) 490 : 70 =

240 : 30 =

(13) 300 : 50 =

320 : 8 =

(14) 8 100 : 90 =

2 400 : 60 =

Mathe-fit-Test 4

①

·	7	12	18	500	6 000
10					
9					
100					

② 314 – 14 =

314 – 20 =

514 – 34 =

714 – 250 =

③ 767 + 33 =

567 + 60 =

467 + 140 =

867 + 83 =

④ 902 – 7 =

902 – 40 =

817 – 50 =

817 – 68 =

⑤ Ü:

3	0	9	7	·	6	0

⑥ Ü:

8	7	6	5	·	7	0

⑦ Ü:

6	6	7	2	:	8	=			

K:

⑧ 45,02 € – 8 € 67 ct – 10 € 5 ct – 467 ct =

⑨ 12 € 7 ct – 48 ct – 6 € 50 ct – 399 ct =

Nr. 8

Nr. 9

Du hast ☐ Aufgaben richtig gelöst.

①

·	3	6	4	5	7	8	9	10	20	1 000
12										
15										

②

:	12
24	
60	
36	
72	
120	
240	
108	
96	
48	
84	
180	

③

:	15
150	
300	
165	
15	
30	
90	
75	
120	
105	
0	
180	

④ *

:	12
40	
50	
15	
30	
80	
110	
91	
70	
57	
67	
86	

Kontrolle: (Umkehraufgabe)

3 · 12 + 4 =

⑤ 3 8 8 8 : 1 2 =

K:

⑥ 4 3 0 5 : 1 5 =

K:

⑦ 6 4 3 2 : 1 2 =

K:

⑧ 8 0 4 0 : 1 5 =

K:

* Schreibweise bei Division mit Rest: 40 : 12 = 3 R 4 oder 40 : 12 = 3 + 4 : 12

Denke daran: Punktrechnung (· und :) geht vor Strichrechnung (+ und –).

① $87 + 5 \cdot 12 =$ ____

87 + 60

② $6 \cdot 12 - 3 \cdot 15 =$ ____

③ $320 : 8 - 16 =$ ____

④ $8 \cdot 30 - 7 \cdot 12 =$ ____

⑤ $4 \cdot 30 + 5 \cdot 16 - 57 =$ ____

⑥ $6 \cdot 60 - 200 + 6 \cdot 19 =$ ____

⑦ $800 + 6 \cdot 12 - 90 =$ ____

⑧ $5 \cdot 70 - 96 : 12 =$ ____

⑨ 2 2 0 2 0 : 3 0 =

K:

⑩ 2 7 4 0 0 : 4 0 =

K:

Rechne soweit du kannst. Fertig, los!

⑪

$1\,000 - 2^2 =$ ____

$2\,000 - 3^2 =$ ____

$3\,000 - 4^2 =$ ____

$4\,000 - 5^2 =$ ____

⑫

$195 + 6 =$ ____

$295 + 12 =$ ____

$395 + 18 =$ ____

$495 + 24 =$ ____

⑬

$780 - 12 =$ ____

$760 - 24 =$ ____

$740 - 36 =$ ____

$720 - 48 =$ ____

①
1 000 g = 1,000 kg ✓
550 g = ______
2 380 g = ______
75 g = ______

②
6 kg 300 g = ______
0 kg 67 g = ______
6 kg 450 g = ______
1 kg 80 g = ______

③
699 g = ______
4 500 g = ______
2 890 g = ______
156 g = ______

④ 6 500 g + 9 kg 50 g + 840 g + 15 kg + 1 908 g = ______

⑤ 8 kg – 875 g – 1,650 kg – 2 400 g = ______

⑥ 12,650 kg – 916 g – 3,080 kg – 99 g = ______

Nr. 4

6,500 kg
+

Nr. 5

Nr. 6

⑦

Zahl z	18	27	36	120			240		
$\frac{1}{3}$ z	6 ✓				50	75		83	95

⑧

(1)
56 cm = 0,56 m ✓
120 cm = ______
804 cm = ______
2 cm = ______
87 cm = ______

(2)
5 km 12 m = 5,012 km ✓
0 km 800 m = ______
1 km 50 m = ______
7 km = ______
2 km 450 m = ______

(3)
750 m = ______ km
2 000 m = ______
95 m = ______
1 080 m = ______
9 010 m = ______

(4) 740 cm – 2,50 m

Nr. 4

(5) 6 500 m – 2,080 km

Nr. 5

(6) 704 m + 3 km 20 m

Nr. 6

(7) $420 - 7 \cdot 50 + 48 : 12 =$ ______

420 – 350 +

(8) $8 \cdot 15 + 80 - 90 : 15 =$ ______

(9) $4 \cdot 13 + 4 \cdot 15 - 100 =$ ______

(10) $500 + 8 \cdot 30 - 240 : 8 =$ ______

(11) $310 - 60 + 6 \cdot 15 =$ ______

(12) $210 : 3 + 450 : 9 - 120 =$ ______

(13) $360 : 40 + 1 \cdot 991 =$ ______

(14) $900 - 7 \cdot 80 + 660 =$ ______

(15)

Zahl y	40	36	20	80		120		
$\frac{1}{4}$ y	10 ✓						80	
$\frac{3}{4}$ y	30 ✓				75			750

① *

:	60	Kontrolle: (Umkehraufgabe)
334		5 · 60 +
205		
465		
175		
251		
563		
370		
517		
646		

②

:	13	Kontrolle: (Umkehraufgabe)
42		
81		
30		
77		
96		
60		
112		
107		
129		

③

147780 : 60 =

K:

④

127491 : 13 =

K:

⑤

a 7	b 4		c	d
e		f		
		g		
h	i			
j			k	l
	m			

waagerecht:

a) das Doppelte von 37

c) $\frac{1}{2}$ von 124

e) 13^2

g) 126 + 153

h) 500 – 180

j) 8^2

k) 7 · 9

m) das Vierfache von 250

senkrecht:

a) 100 – 29

b) 23 · 2

c) 54 : 9

d) 3 · 83

f) 560 + 360

h) 4 · 9

i) 71 + 170

k) $\frac{1}{4}$ von 240

l) 1 500 : 50

* Schreibweise bei Division mit Rest: 334 : 60 = 5 R 34 oder 334 : 60 = 5 + 34 : 60

①
1 000 kg = 1,000 t ✓
500 kg = 0,500 t ✓
2 460 kg = ______
750 kg = ______

②
4 t 50 kg = ______
1 t 200 kg = ______
16 t 9 kg = ______
8 t 365 kg = ______

③
250 kg = ______
3 000 kg = ______
96 kg = ______
804 kg = ______

④ 5,950 t – 3 400 kg – 85 kg – 1 t 150 kg = ______

⑤ 10 t – 2 t – 1 870 kg – 3 t 50 kg = ______

⑥ 9 500 kg – 3 t 250 kg – 1 673 kg – 79 kg = ______

Nr. 4

Nr. 5

Nr. 6

⑦ 12 · 15 =

150 / 30

⑧ 12 · 16 =

⑨ 12 · 17 =

⑩ 15 · 15 =

⑪ 15 · 18 =

⑫ 15 · 19 =

⑬ 14 · 11 =

⑭ 14 · 12 =

⑮ 14 · 13 =

⑯
720 – 50 =
720 – 60 =
720 – 140 =
720 – 270 =

⑰
1 100 – 200 =
1 100 – 250 =
1 100 – 370 =
1 100 – 985 =

⑱
385 + 40 =
395 + 40 =
376 + 40 =
387 + 46 =

① *

:	16	Kontrolle: (Umkehraufgabe)
38		2 · 16 +
90		
84		
95		
153		
72		
142		
119		

②

:	17	Kontrolle: (Umkehraufgabe)
52		
86		
111		
40		
150		
79		
125		
143		

③

48928 : 16 =

K:

④

49402 : 17 =

K:

⑤

315 – 7 · 40 =

⑥

630 : 7 + 76 =

⑦

8 · 18 – 70 =

⑧

a 1	b 5	3	■	c	d
e		■	f		
■	g	h			■
i				■	j
	■	k			

waagerecht:

a) 9 · 17
c) 216 : 8
e) 6 · 8
f) 24 · 8
g) 10^4 – 2 859
i) 1 800 + 1 620
k) 2 000 – 991

senkrecht:

a) 126 : 9
b) 2 104 + 3 770
c) 97 · 3
d) 8 · 9
f) 70 · 20
h) 847 : 7
i) 296 : 8
j) 7 · 7

* Schreibweise bei Division mit Rest: 38 : 16 = 2 R 6 oder 38 : 16 = 2 + 6 : 16

A	D	E	G	L	M	N	O	P	R	S	T	U	W
0	5	6	7	9	10	12	15	64	81	180	192	420	720

48 : 4 =	146 · 0 =	72 : 6 =
285 – 270 =	135 : 15 =	8^2 =
9^2 =	400 : 80 =	0 + 15 =
360 + 360 =	69 – 69 =	126 : 14 =
540 : 90 =	360 : 36 =	0 : 41 =
700 : 100 =	7 · 60 =	22 + 59 =
480 : 80 =	77 – 65 =	16 · 12 =
27 + 54 =	85 : 17 =	96 : 16 =
200 – 119 =	12 · 15 =	0 · 58 =
45 : 3 =	130 – 124 =	900 : 90 =

Der ________ _____ ________ erreichte

mit seinem _________ am 15.12.1911 als erster den Südpol.

1. 23750 : 50 =

K:

2. 12762 : 18 =

K:

3. $7 \cdot 12 + 45 =$

4. $720 : 10 + 58 =$

5. $13 \cdot 16 + 10^2 =$

6. $450 - 17 \cdot 5 =$

7. $630 : 90 + 2^2 =$

8. $62 + 8 \cdot 15 =$

9. 25 € – 16 € 70 ct

10. 8 500 g – 6 kg 19 g

11. 9 m 44 cm – 3,59 m

12.

a 9	b 8		c	d	e
f		g		h	
	i		j		
k		l			m
n	o				
			p	q	
	r			s	

waagerecht:

a) $7 \cdot 14$

c) 12^2

f) $48 + 93$

h) $96 : 8$

i) $4 \cdot 500 + 5 \cdot 5$

l) $10^4 - 419$

n) $3306 + 2800$

p) $1000 - 685$

r) 9^2

s) $164 - 97$

senkrecht:

a) $7 \cdot 13$

b) $243 + 599$

d) $2358 + 1800$

e) $6 \cdot 7$

g) $700 + 390$

j) $5000 - 2437$

k) 13^2

m) $90 \cdot 13 - 13$

o) $16 \cdot 8$

q) $144 : 9$

Mathe-fit-Test 5

① $5 \cdot 17 =$
$3 \cdot 19 =$
$7 \cdot 15 =$
$4 \cdot 14 =$

② $9 \cdot 60 =$
$6 \cdot 80 =$
$8 \cdot 30 =$
$5 \cdot 90 =$

③ $360 : 40 =$
$2400 : 6 =$
$140 : 20 =$
$5600 : 70 =$

④ 6 kg 250 g – 860 g – 1,500 kg – 50 g = ____________

⑤ 20 m – 532 cm – 6,25 m – 76 cm = ____________

⑥ 5 km 30 m – 2700 m – 1 km 500 m – 90 m = ____________

Nr. 4

Nr. 5

Nr. 6

⑦ $7 \cdot 17 + 25 =$

⑧ $600 - 3 \cdot 16 =$

⑨ $480 : 8 + 9 \cdot 13 =$

⑩ 5 1 0 4 2 0 : 6 0 =

K:

⑪ 4 5 8 3 8 : 1 3 =

K:

⑫ $14 \cdot 18 =$

⑬ $16 \cdot 19 =$

⑭ $17 \cdot 13 =$

Du hast ☐ Aufgaben richtig gelöst.

Wandle in Minuten um.

① 3 h 15 min =

$3 \cdot 60 + 15$

② 5 h 7 min =

③ 7 h 20 min =

④ 9 h 35 min =

⑤ 10 h 45 min =

⑥ 6 h 48 min =

⑦ 1 h 59 min =

⑧ 11 h 40 min =

Wandle in Stunden und Minuten um.

⑨ 217 min =

$3 \cdot 60 + 37$

⑩ 175 min =

⑪ 97 min =

⑫ 500 min =

⑬ 339 min =

⑭ 563 min =

⑮

Anfang	Dauer	Ende
8.45 Uhr	2 h 30 min	
14.20 Uhr	4 h 46 min	
22.34 Uhr	3 h 17 min	
7.48 Uhr		9.25 Uhr
17.55 Uhr		23.10 Uhr
0.18 Uhr		6.35 Uhr
	3 h	17.50 Uhr
	2 h 10 min	23.20 Uhr
	4 h 30 min	6.41 Uhr

⑯

60 s = 1 min ✓

75 s =

90 s =

120 s =

145 s =

178 s =

180 s =

196 s =

345 s =

① 5 h 10 min + 44 min + 3 h 19 min + 10 h 54 min = ______

② 1 h 5 min + 4 h + 3 h 55 min + 6 h 36 min = ______

③ 15 h 40 min + 16 min + 8 h 22 min + 37 min = ______

Wandle in h um, wenn es 60 min oder mehr sind. Vergiss die Kontrolle nicht.

Nr. 1

	5 h	10 min
+		44 min
+	3 h	19 min
+	10 h	54 min
		1
	18 h	127 min
	20 h	7 min ✓

Nr. 2

Nr. 3

④ 7 h 39 min + 45 min + 1 h 30 min + 4 h 59 min = ______

⑤ 2 h 44 min + 6 h 28 min + 55 min + 4 h 33 min = ______

⑥ 9 h 11 min + 2 h 14 min + 4 h 7 min + 59 min = ______

Nr. 4

Nr. 5

Nr. 6

⑦

Anfang	Dauer	Ende
8.48 Uhr	2 h 17 min	
21.45 Uhr	4 h 10 min	
22.10 Uhr		23.45 Uhr
3.57 Uhr		16.27 Uhr
	5 h 40 min	22.13 Uhr
	1 h 30 min	17.20 Uhr

⑧

2 min 15 s = 135 s ✓

4 min 30 s = ______

8 min 50 s = ______

3 min 22 s = ______

12 min 40 s = ______

5 min 19 s = ______

(1) 3 h 17 min · 5 = ______

15h/

(2) 5 h 20 min · 3 = ______

(3) 2 h 45 min · 6 = ______

(4) 7 h 30 min · 4 = ______

(5) 3 h 50 min · 7 = ______

(6) 2 h 21 min – 1 h 45 min = ______

141 min –

(7) 5 h 30 min – 2 h 27 min = ______

(8) 4 h 15 min – 3 h 50 min = ______

(9) 7 h 35 min – 1 h 15 min = ______

(10) 6 h 10 min – 5 h 42 min = ______

(11)

Zahl x	40	56	160	320	400	440			
$\frac{1}{8}$ x	5 ✓						60	72	
$\frac{3}{8}$ x	15 ✓								30

(12)

____ : 15 = 7
____ : 60 = 9
____ : 19 = 6
____ : 70 = 4
____ : 16 = 5
____ : 40 = 8
____ : 18 = 9
____ : 30 = 7
____ : 17 = 6

(13)

____ · 25 = 75
____ · 80 = 320
____ · 18 = 108
____ · 34 = 170
____ · 25 = 150
____ · 70 = 630
____ · 19 = 114
____ · 60 = 480
____ · 16 = 112

(14)

____ – 84 = 120
____ – 55 = 140
____ + 38 = 112
____ + 75 = 123
____ + 58 = 200
____ – 39 = 362
____ – 58 = 120
____ + 67 = 156
____ – 27 = 214

① 16,50 € ≈ 17 € ✓
5,49 € ≈ 5 € ✓
8,35 € ≈ ______
11,69 € ≈ ______
2,59 € ≈ ______
24,90 € ≈ ______

② 7,500 kg ≈ 8 kg ✓
7,499 kg ≈ 7 kg ✓
0,750 kg ≈ ______
1,370 kg ≈ ______
6,800 kg ≈ ______
3,250 kg ≈ ______

③ 16,50 m ≈ 17 m ✓
5,49 m ≈ 5 m ✓
19,00 m ≈ ______
12,63 m ≈ ______
7,25 m ≈ ______
3,90 m ≈ ______

④ Ü: 5 €
11,22 €
− 5,98 €

⑤ Ü: €
23,17 €
− 8,77 €

⑥ Ü: m
12,90 m
− 8,67 m

⑦ Ü: m
70,15 m
− 7,98 m

⑧ Ü: 19 €
10,50 €
+ 0,99 €
+ 6,43 €
+ 0,75 €

⑨ Ü: €
15,28 €
+ 6,90 €
+ 4,16 €
+ 0,99 €

⑩ Ü: m
2,75 m
+ 19,50 m
+ 0,15 m
+ 8,10 m

⑪ Ü: m
16,00 m
+ 5,55 m
+ 2,80 m
+ 7,15 m

⑫

Abfahrt	Fahrzeit	Ankunft
4.30 Uhr	8 h 30 min	
16.15 Uhr	5 h	
9.40 Uhr	2 h 20 min	
14.45 Uhr		15.30 Uhr
0.20 Uhr		10.40 Uhr
10.50 Uhr		18.07 Uhr
	5 h	20.30 Uhr
	6 h 30 min	24.00 Uhr
	4 h 20 min	2.30 Uhr

⑬

1 Tg. =	24 h ✓
2 Tg. 8 h =	
4 Tg. 3 h =	
3 Tg. 10 h =	
6 Tg. 5 h =	
10 Tg. 9 h =	
8 Tg. 5 h =	
5 Tg. 11 h =	
7 Tg. 7 h =	

① 4 Tg. 3 h + 1 Tg. 8 h + 5 Tg. 10 h + 23 h = ____________

② 2 h 51 min + 38 min + 6 h 10 min + 10 h 42 min = ____________

③ 20 min 30 s + 4 min 45 s + 9 min 12 s + 48 s = ____________

Nr. 1

Nr. 2

Nr. 3

④ 6 Tg. 7 h · 3 =

⑤ 7 min 9 s · 6 =

⑥ 8 h 12 min · 4 =

⑦ 6 Tg. 5 h – 4 Tg. 9 h =

⑧ 3 Tg. 8 h – 1 Tg. 10 h =

⑨ 5 Tg. 2 h – 4 Tg. 8 h =

⑩

a 1	1	b 9		c	d
		e	f		
g	h				
i			j	k	
	l	m		n	o
p		q	r		
s					t

waagerecht:

a) 7 · 17
c) 8^2
e) 1116 · 2
g) 3 250 + 2 250
i) 2 · 32
j) 6 · 8
l) 4 · 9
n) 6 · 4
p) 56 : 7
q) 3 000 – 1 755
s) 542 · 2
t) 54 : 9

senkrecht:

a) 426 + 830
b) 460 + 460
c) 7 · 9
d) 214 · 2
f) 2 · 102
h) 212 + 331
k) 1 000 – 176
m) 2 · 309
o) 228 · 2
p) 9^2
r) 6 · 4

① Ü: 1 €

16,28 €
– 14,99 €

② Ü: €

17,16 €
– 4,77 €

③ Ü: m

12,50 m
– 9,67 m

④ Ü: m

152,90 m
– 78,15 m

⑤ 12 kg – 7600 g – 3 kg 78 g – 125 g = ______

⑥ 6 km 270 m – 45 m – 2 km 450 m – 1,750 km = ______

⑦ 50 € – 19 € 50 ct – 6,90 € – 670 ct = ______

Nr. 5
Ü: ______

Nr. 6
Ü: ______

Nr. 7
Ü: ______

⑧ 6 kg 360 g : 2 =

⑨ 12,60 € : 3 =

⑩ 3 h 24 min : 6 =

⑪ 8 km 56 m : 4 =

⑫ 18,72 m : 9 =

⑬ 9,50 € · 5 =

⑭ 1,250 kg · 4 =

⑮ 450 m · 8 =

⑯ 3 h 30 min · 7 =

⑰ 2 km 800 m · 6 =

⑱

Zahl a	350	250	150		490		450	
$\frac{1}{2}$ a	175 ✓			136		285		365

①

Start	Dauer	Ende
7.48 Uhr	2 h 16 min	
3.24 Uhr	4 h 30 min	
19.30 Uhr	8 h 45 min	
8.20 Uhr		12.30 Uhr
21.10 Uhr		0.40 Uhr
16.35 Uhr		18.18 Uhr
	2 h 30 min	17.10 Uhr
	5 h 10 min	4.30 Uhr
	5 h 5 min	10.20 Uhr

②

50 h = ___ Tg. ___ h

100 h = ___ Tg. ___ h

130 h = ___ Tg. ___ h

160 h = ___ Tg. ___ h

90 min = ___ h ___ min

320 min = ___ h ___ min

150 min = ___ h ___ min

562 min = ___ h ___ min

446 min = ___ h ___ min

③ Ü: ____________________

14024 : 4 = ____

K:

④ Ü: ____________________

14483 : 7 = ____

K:

⑤ 615 – 8 · 70 = ____

⑥ 6 · 19 + 96 = ____

⑦ 123 – 420 : 6 = ____

⑧ 3 · 25 + 180 : 6 = ____

⑨ 930 – 90 · 9 = ____

⑩ 720 : 8 + 7 · 17 = ____

A	D	E	G	I	L	M	N	O	R	S	T	U	Sch
0	1	7	10	16	43	68	81	136	144	343	400	560	732

76 – 76 = ___	560 : 80 = ___	117 – 36 = ___
120 + 223 = ___	160 : 10 = ___	480 : 48 = ___
50 · 8 = ___	81 – 38 = ___	4 · 17 = ___
2 · 72 = ___	0 · 68 = ___	84 : 12 = ___
68 + 68 = ___	12^2 = ___	300 – 219 = ___
3^4 = ___	19 + 49 = ___	366 + 366 = ___
0 : 37 = ___	7^3 = ___	17 · 4 = ___
7 · 80 = ___	800 : 2 = ___	34 · 4 = ___
20^2 = ___	178 – 34 = ___	810 : 10 = ___
28 + 53 = ___	8 · 17 = ___	217 – 216 = ___

Nach einer über 386 000 km langen Reise betrat der amerikanische

_ _ _ _ _ _ _ _ _   _ _ _ _   _ _ _ _ _ _ _ _ _ am

am 21. Juli 1969 als erster _ _ _ _ _ den _ _ _ _ .

① 1 h 29 min ≈ 1 h ✓
1 h 30 min ≈ 2 h ✓
3 h 16 min ≈ ____
2 h 40 min ≈ ____

② 4 h 30 min ≈ ____
4 h 29 min ≈ ____
6 h 4 min ≈ ____
6 h 40 min ≈ ____

③ 7 h 50 min ≈ ____
7 h 25 min ≈ ____
2 h 29 min ≈ ____
5 h 30 min ≈ ____

④ 6 h 27 min – 45 min – 2 h 50 min – 1 h 13 min = ____________

⑤ 9 h – 3 h 30 min – 56 min – 1 h 27 min = ____________

⑥ 4 h 10 min – 15 min – 1 h 45 min – 59 min = ____________

Nr. 4
Ü: ____________

387 min
– 45 min

Nr. 5
Ü: ____________

Nr. 6
Ü: ____________

⑦ 4 Tg. 5 h · 7 =

⑧ 9 h 20 min · 5 =

⑨ 5 min 12 s · 4 =

⑩ 8 Tg. 3 h · 6 =

⑪ 6 Tg. 10 h · 3 =

⑫ 7 min 8 s · 9 =

⑬

Zahl z	42	120	300			150			
$\frac{1}{6}$ z	7 ✓			15	60		17	45	
$\frac{5}{6}$ z	35 ✓								150

Mathe-fit-Test 6

①

Anfang	Dauer	Ende
23.40 Uhr	2 h 20 min	
20.15 Uhr	8 h	
14.30 Uhr	12 h 40 min	
22.00 Uhr		5.20 Uhr
23.55 Uhr		0.40 Uhr
6.35 Uhr		12.05 Uhr
	6 h	4.30 Uhr
	3 h 30 min	2.15 Uhr
	4 h 5 min	11.25 Uhr

②

150 min = ___ h ___ min

60 h = ___ Tg. ___ h

172 s = ___ min ___ s

50 Tg. = ___ Wo. ___ Tg.

327 min = ___ h ___ min

180 h = ___ Tg. ___ h

99 s = ___ min ___ s

45 Tg. = ___ Wo. ___ Tg.

75 min = ___ h ___ min

③ 35 € – 12 € 50 ct – 75 ct – 7,99 € = ____________

④ 16 kg – 395 g – 5 kg – 6,333 kg = ____________

⑤ 7 h – 1 h 30 min – 38 min – 2 h 15 min = ____________

Nr. 3

Ü: ____________

Nr. 4

Ü: ____________

Nr. 5

Ü: ____________

⑥

Zahl a	16	32	48	200					
$\frac{1}{4}$ a	4 ✓				18	65			
$\frac{3}{4}$ a	12 ✓						66	210	300

Du hast ☐ Aufgaben richtig gelöst.